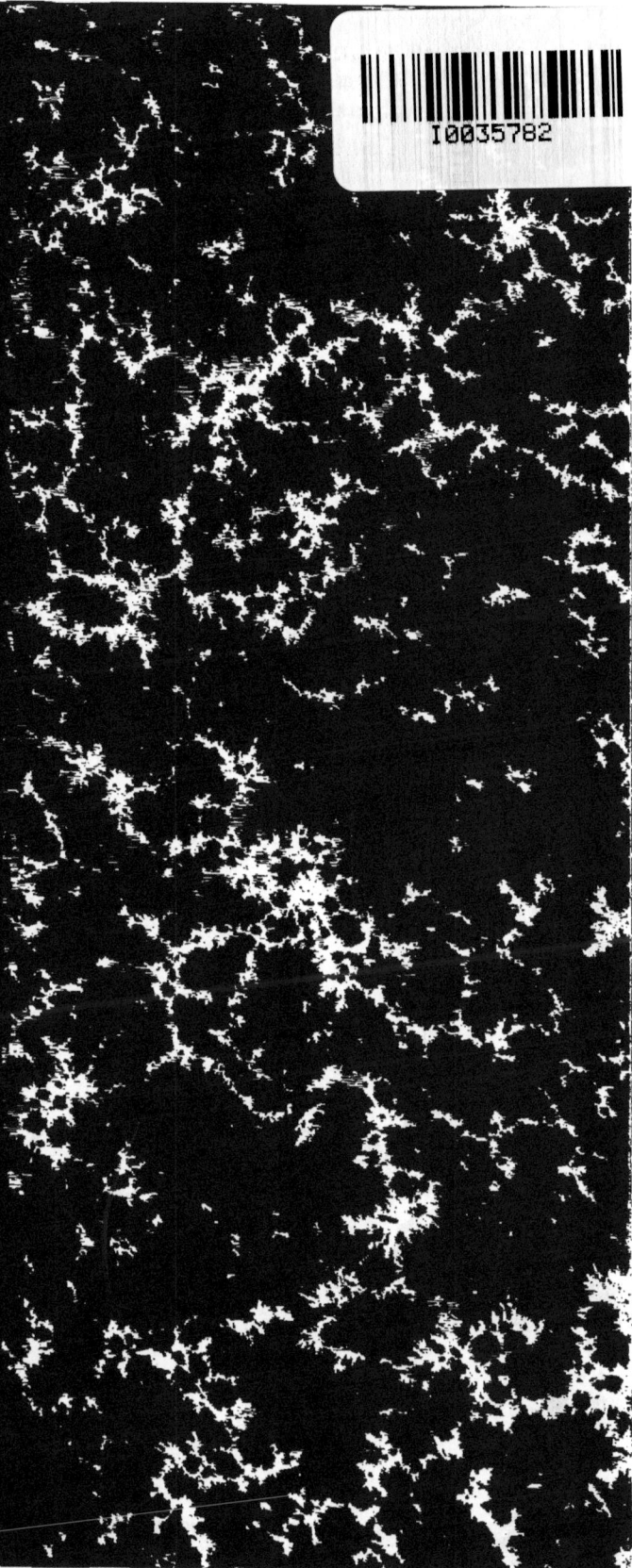

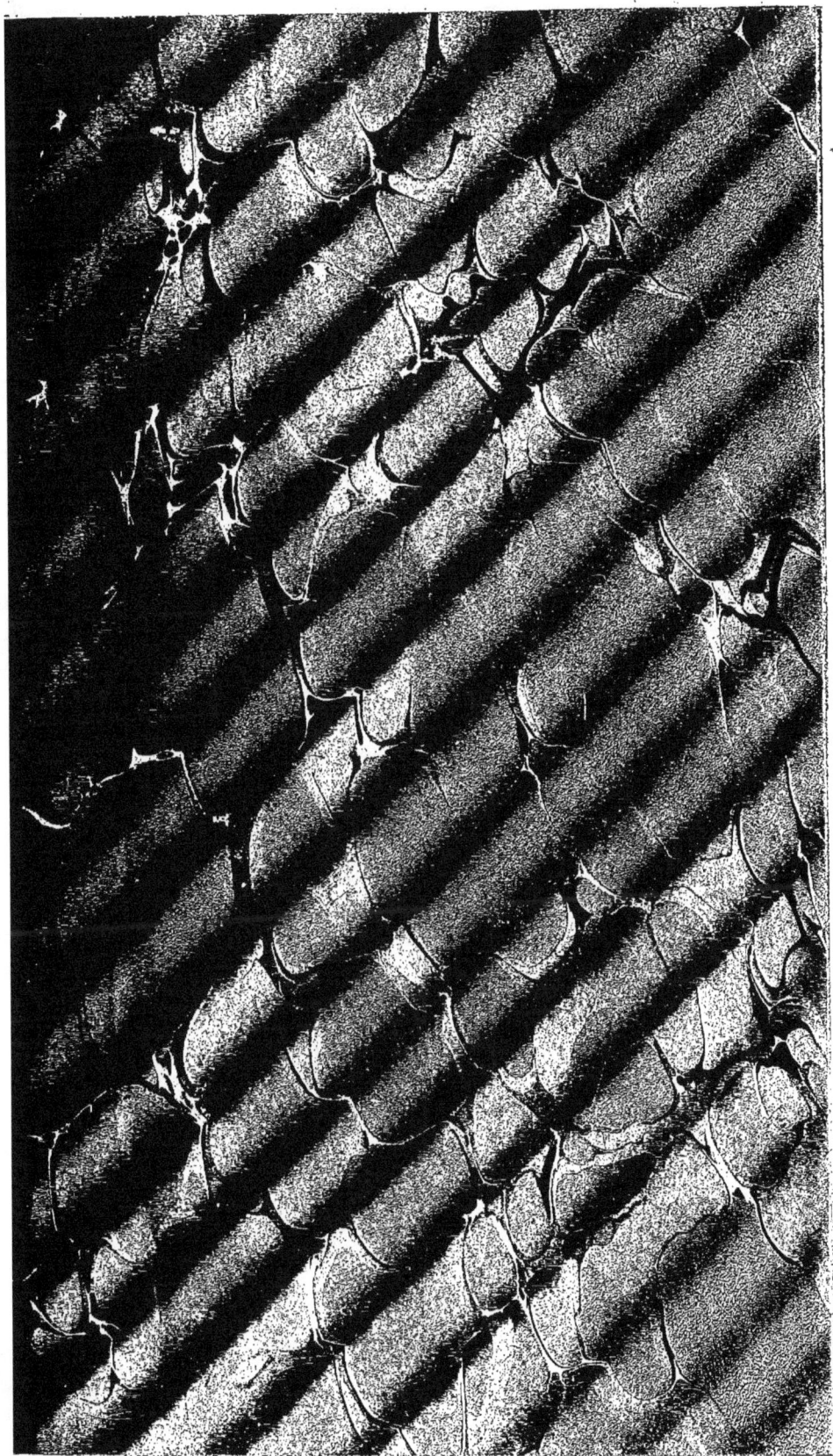

DE
LA SAONE
ET DE
SA NAVIGATION.

Par M. BAUDOT aîné,
Maire de Pagny-le-Château.

A DIJON,

DE L'IMPRIMERIE DE FRANTIN.

———

1813.

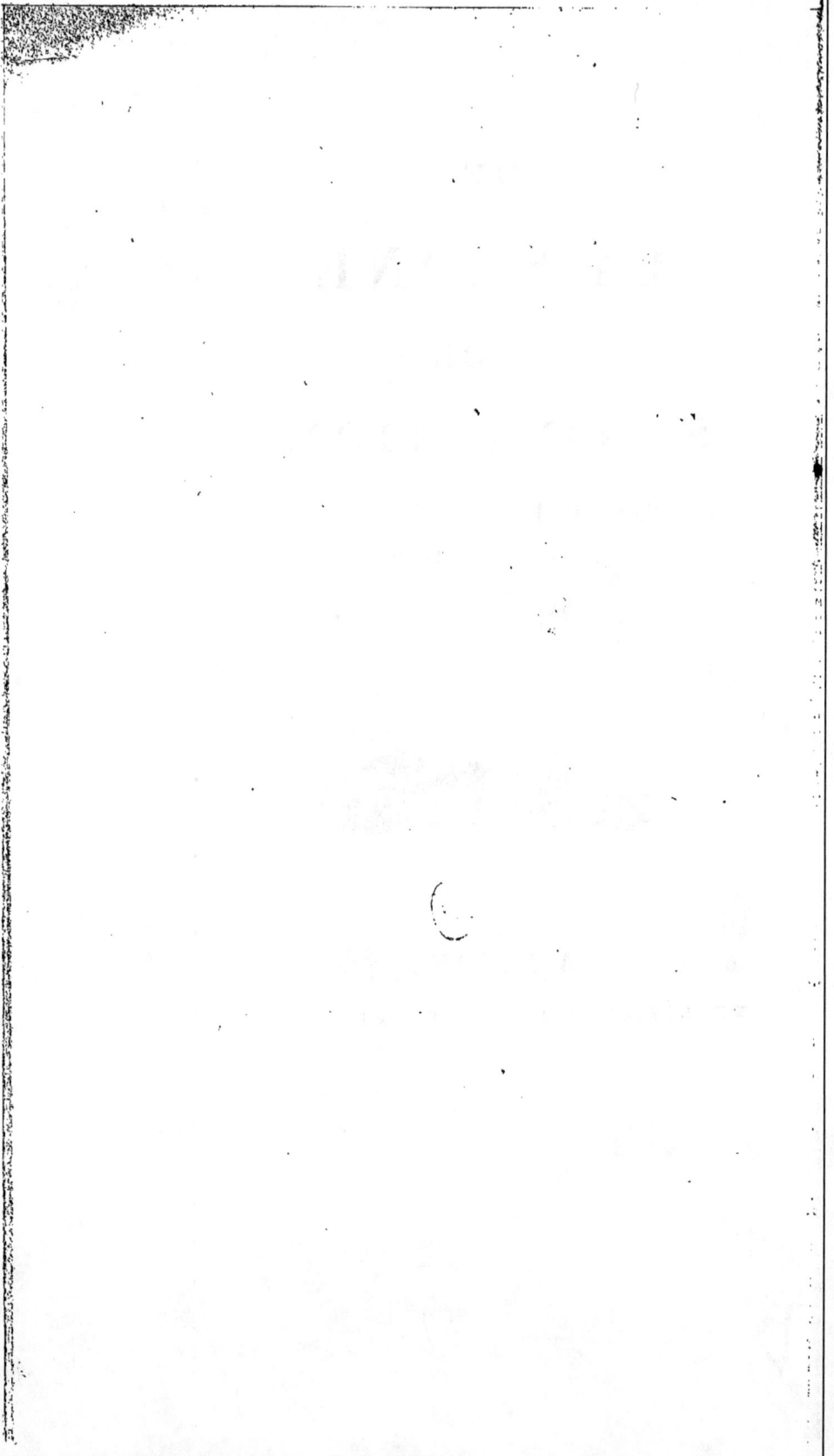

DE LA SAONE

ET

DE SA NAVIGATION.

Les anciens auteurs ont dit peu de chose de la Saône : quelques-uns ont erré en fixant sa direction géographique : Jules-César, qui l'avoit vue et traversée plusieurs fois, est à peu près le seul qui nous ait transmis quelques particularités satisfaisantes sur cette rivière, dont la navigation étoit un objet politique de la plus haute importance, à l'époque où les légions parvinrent à soumettre les Gaules au joug de la domination romaine.

Un membre de l'académie de Besançon, M. *Coste*, bibliothécaire de cette ville, a présenté un tableau très-intéressant de cette mémorable époque, sous le rapport de la navigation de la Saône et du Doubs, relativement à son importance sous les

Celtes, les Romains , les Bourguignons
et les Francs ; aux guerres que les Séquanois et les Eduens se firent les uns
aux autres pour les droits de péage que
le commerce étoit dès-lors tenu de payer ;
aux catastrophes que cette division devoit naturellement amener , et enfin , à
la décadence de la navigation après les
ravages des barbares et la destruction des
villes de ces provinces par le farouche
Attila (1).

D'autres écrivains modernes ont recueilli
quelques détails sur la navigation de la
Saône , mais d'une manière fort succinte,
et seulement pour paroître ne rien omet-
tre dans leurs recherches historiques sur
les provinces limitrophes ou sur certaines
villes qui tirèrent des avantages de cette
navigation et des ports qu'elles avoient
sur la Saône.

Les articles géographiques répandus
dans nos livres , donnent aussi peu de

---

(1) *De l'ancienne navigation des rivières du
Doubs, de la Saône et du Rhône, etc.* par M. *Coste,*
dans le *Magasin encyclopédique* de mai 1805, *in-8.°*

documens utiles. Cependant il est juste de ne pas confondre avec ces notices insignifiantes, celle qu'on trouve dans la *Notitia Galliarum* du savant *Hadrien de Valois*. Son article *Arar fluvius* renferme la substance de tout ce que les auteurs anciens, et ceux du moyen âge, ont dit pour faire connoître le cours de la Saône et les noms que cette rivière a eus successivement. Mais il ne contient rien de plus. M. *Girault*, membre de plusieurs académies, a aussi développé les étymologies de ces diverses dénominations, et il a exprimé son avis sur celle qui est définitivement restée à la Saône (1).

L'abbé Courtépée, l'auteur de la *Description topographique du duché de Bourgogne*, avoit commencé un mémoire intitulé : *Essais historiques et géographiques sur la Saône*. Cet ouvrage où l'étymologie des anciens noms de la Saône est encore expliquée, paroissoit destiné

---

(1) *Mémoire sur les noms et la source de la Saône;* par *Cl. Xav. Girault*, *etc.* dans le même Recueil, septembre 1812, tom. 5, pag. 129 et suiv.

plus particulièrement à faire connoître les principaux lieux qui sont dans le voisinage de la haute - Saône. Il ne conduit le voyageur que depuis la source jusqu'à *Chemilly*, un peu au-dessous de *Port-sur-Saône*, et n'est pas imprimé.

Tout cela intéresse seulement la curiosité, et ne présente que des préliminaires à l'historique de la navigation de cette rivière.

L'établissement des canaux navigables, et la navigation générale de la France, ont fourni à plusieurs savans ingénieurs hydrauliques, l'occasion d'examiner le cours de la Saône, l'utilité ou les désavantages de sa navigation, et la possibilité de réunir ses eaux avec celles d'autres rivières navigables, suivant des pentes opposées dans diverses directions, afin d'établir des communications constantes d'une mer à l'autre. Ce grand projet, qui a été exécuté de nos jours, a fait éclore une quantité considérable d'ouvrages où il est question avec plus ou moins d'étendue et de clarté, du commerce de la Saône, ainsi que de sa navigation. Ceux

de ces ouvrages qui ont paru avant l'année 1772 , ont été analysés rapidement
par M. *Antoine* l'aîné , alors sous-ingé-
nieur, dans sa dissertation sur la *naviga-*
tion de Bourgogne. (*in* - 4.°) Ce livre ,
dont les Élus-généraux des États de la
province ordonnèrent la publication , et
qui parut en 1774 , étoit destiné princi-
palement à prouver par des calculs tech-
niques la nécessité de rendre à la navigation de la Saône, de la Seille et du Doubs,
toute son importance , par des travaux
d'une exécution facile. On y trouve aussi
plusieurs notions dont l'histoire locale
pouvoit profiter , et même divers aperçus
physiques dont l'administration de la
province dut faire usage , quels que fussent d'ailleurs ses projets relativement à
l'exécution des plans dont elle s'occupoit
alors , pour opérer la jonction des principales rivières du royaume, par la voie
des canaux navigables.

Etranger à l'art qui a pour objet le
travail de ce qu'on appelle le *Corps des*
ponts et chaussées , mais attentif à observer quelques effets naturels qui m'ont

paru être d'une certaine importance pour
ce qui concerne les fertiles rivages de la
Saône, j'entreprends de faire connoître
le cours de cette rivière, comme je l'ai
vu moi-même. J'oserai énoncer à ce sujet quelques idées où les personnes de
l'art trouveront peut-être les élémens de
nouvelles recherches qu'ils pourront mettre à profit pour le bien d'une contrée,
qui, par sa fertilité, sa population, et
tous les avantages physiques et même
moraux dont elle a droit de s'enorgueil-
lir, mérite, je ne crains pas de le dire,
toute l'attention d'un gouvernement éclai-
ré. Personne n'ignore que celui sous lequel nous avons le bonheur de vivre,
place le commerce intérieur au premier
rang des matières qui intéressent plus
particulièrement sa sollicitude.

§.

La Saône, qui est la plus belle et la
plus régulière, sans contredit, de toutes
les rivières navigables de l'Empire Français, surtout dans le voisinage de son embouchure, prend sa source près de la

petite ville de *Darney*, au pied des montagnes des Vosges, dans le département du même nom, qui faisoit partie de l'ancienne province de Lorraine. Elle est citée dans le nombre des principales rivières qui sortent de ces montagnes. Son cours se dirige au midi sur une pente si douce, que suivant le rapport des plus anciens auteurs, on pourroit douter quelquefois du côté où se portent ses eaux : *ità ut oculis in utram partem fluat, judicari vix possit,* dit César. C'est une manière de parler un peu poétique, dont l'idée est peut-être venue à l'illustre écrivain, à cause des détours considérables que la Saône fait dans presque toute son étendue, et surtout dans la partie occidentale de la Franche-Comté, *per fines Æduorum et Sequanorum.* Elle reçoit les eaux de douze à quinze rivières, et serpente sur à peu près quarante myriamètres de pays, auxquels les siennes portent la fertilité, sans aucun mélange des inconvéniens que d'autres rivières occasionnent sur leurs bords. Ainsi les habitans des rives de la

Saône n'ont pas à redouter les vastes bancs
de sable dont la Loire couvre quelquefois
les héritages qu'elle arrose, ni les atterrissemens formés à l'embouchure de la
plupart des grands fleuves, ni les désas-
tres causés par le gonflement subit des
torrens qui coulent sur un sol trop incliné, ni les irruptions qui transportent
fréquemment à de grandes distances des
parties du lit de plusieurs rivières moins
grandes, ni les écueils qui rendent très-
difficile, souvent même impraticable, la
navigation de plusieurs autres qui ont
cependant plus de profondeur et de largeur que la Saône.

Ses inondations couvrent jusqu'à une
certaine distance dont elle ne s'écarte
presque jamais, de vastes et excellentes
prairies qu'elle a formées par le léger
dépôt successif que ses eaux y ont laissé:
et si elle en change la forme dans quelques endroits, c'est d'une manière si in-
sensible, que les propriétaires pourroient
se précautionner à très-peu de frais contre
ces sortes d'invasions, ainsi que je me

propose de le démontrer dans la suite
du présent mémoire.

La Saône forme de nombreuses sinuo-
sités, parce qu'elle coule sur un terrain
qui a peu de pente. Une cause toujours
agissante contribue à augmenter graduel-
lement ou du moins à entretenir ces si-
nuosités et à changer leur forme. Le lit
de la rivière est incliné alternativement
vers les deux rives : l'eau se porte de
préférence dans les places les plus pro-
fondes : et comme ce lit est tapissé presque partout d'un sable fin et léger, auquel le cours de l'eau imprime un mouvement continuel ; ce sable est entraîné
par les eaux qui coulent avec le plus de
vîtesse : il en résulte que la profondeur
du lit s'entretient par le même effet qui
a concouru à l'occasionner.

Lorsque le lit de la rivière est plus
profond près de l'une de ses rives que de
l'autre, l'eau qui y afflue entraîne des
portions du terrain composé de couches
originairement superposées : et ces ébou-
lemens partiels que les vents favorisent

en agitant la surface des eaux , sont en-
traînés par le courant , pour se déposer
avec des parties de sable qui suivent le
même cours , sur la rive où l'effet contraire a lieu , c'est-à-dire près de laquelle
le défaut de profondeur du lit de la rivière , en n'occasionnant que très-peu de
mouvement à l'eau, permet la formation
des dépôts graveleux ou calcaires , que
les inondations font successivement augmenter , jusqu'à ce que des circonstances
différentes en amènent ensuite la destruction. Mais quoique ces dégradations
méritent que le gouvernement prenne des
mesures pour en diminuer les inconvéniens sous plusieurs rapports, ainsi que
je le ferai voir, elles sont souvent d'une
conséquence si foible, que dans beaucoup
de parties, le même corps d'héritage qui
souffre une petite perte chaque année ,
en est dédommagé par quelqu'alluvion
formée à peu de distance du lieu dégradé :
cet effet peut être remarqué dans tous
les héritages riverains de la Saône qui ont
une certaine étendue. .

Au surplus, la dégradation légère mais

successive qu'éprouve l'un ou l'autre des
bords de la Saône , sert à faire connoître
la composition de ces bords , et permet
presque de calculer l'âge des monumens
qu'elle met à découvert avec autant de
précaution pour ainsi dire que la main
des hommes en mettroit dans un travail
semblable. Pour faire cette espèce de calcul , il suffit d'observer le mouvement
des sables et des limons déposés par les
inondations; les causes qui les font amon-
celer ou les arrêtent; le produit des vé-
gétations favorisées par la présence mo-
mentanée des eaux , et le résultat que toutes ces causes ont dû produire depuis un
nombre quelconque de siècles.

C'est le cas de prendre ici pour terme
de comparaison , la partie moyenne de la
Saône , afin d'éviter l'insuffisance d'observations faites dans les parties trop voisines de sa source , où la foiblesse de ses
eaux n'a pu produire que des effets mé-
diocres , et l'embarras de particularités
que l'on trouveroit en examinant les parties plus rapprochées de son embouchure,
dans lesquelles une foule de circonstances

étrangères ont dû ajouter aux effets purement naturels, et pourroient donner le change à l'observateur.

On remarque d'abord un peu au-dessous du niveau des eaux les plus basses, des chênes très gros et très vieux, couchés en différentes directions, mais plus particulièrement sur une ligne perpendiculaire à celle du fil de l'eau, en déclinant plus ou moins du côté de la pente, ce qui fait supposer, à n'en pas douter, que ces arbres, qui existoient sur les anciens bords de la Saône, sont tombés de vétusté du côté le plus bas, qui étoit celui de la rivière, et ont été dérangés par le cours de l'eau pendant les inondations, jusqu'à ce que quelque cause les ait fixés à la place où ils sont aujourd'hui. Cette cause est sans contredit l'amoncèlement des sables retenus par les branches de ces arbres, dont les principales subsistent encore. La destruction des moindres branches, des feuilles, et des végétaux qui se sont multipliés à la faveur de cette même destruction, a produit une couche de terre calcaire souvent très-noire, au milieu de laquelle on

trouve encore des portions des fruits que
les chênes portoient au moment de leur
chute. Les sables et les limons retenus à
chaque inondation par les obstacles formés dans les branches des chênes renversés, ont produit des ilots et ensuite
de vastes prairies, d'abord inégales, puis
nivelées peu à peu par le flottement successif des eaux. Cette masse de terrain su-
perposée présente une épaisseur de trois,
quatre à cinq mètres. J'estime que cette
épaisseur a résulté des élémens qui dans
l'origine ont servi à la formation de chaque partie, et aussi de la disposition suivant laquelle les bords ont pu recevoir et
retenir chaque dépôt amené par les inondations périodiques ; à moins que quelques
causes étrangères, comme travaux extérieurs ou autres, n'aient dérangé l'ordre
de la nature dans la formation des ilots
dont il est question.

Cet effet d'arbres enfouis au-dessous du
niveau actuel des plus basses eaux de la
Saône, n'est pas particulier à cette rivière. On a trouvé des arbres renversés
pêle-mêle à des profondeurs plus ou moins

considérables sur les bords de la Seine ,
sur ceux de l'Allier , de la Somme , de
l'Escaut , sur les côtes de l'Angleterre ,
près de quelques rivières de l'Amérique
septentrionale ; et il est à peu près certain qu'on en trouveroit partout où les
eaux ont formé des dépôts successifs de
sables ou de terres , si on prenoit la peine
de faire des fouilles , ou si l'on remar-
quoit avec attention ces antiques vestiges
de forêts tombées de vétusté , après l'époque
où presque toute la surface de l'Europe en
étoit vraisemblablement ombragée. Plusieurs de ces arbres portent les empreintes
du feu : leur tronc en est sillonné , et une
partie des branches se trouvent quelquefois reduites en charbon qui sont encore
aujourd'hui d'une conservation parfaite.
C'est probablement l'effet du tonnerre qui
a frappé quelques-uns des chênes dont il
s'agit , et les avoit ainsi détériorés avant
leur chute.

Dans d'autres endroits les arbres sont
enfouis dans un terrain bourbeux , du
genre de ce qu'on appelle *tourbières* ,
composé de débris de végétaux amoncelés

par des eaux stagnantes : il y en a des exemples en Angleterre. Mais ce phénomène n'est pas le même effet que celui qui nous occupe relativement aux bords des rivières. Les engloutissemens de forêts dans les tourbières, comme la submersion de celles qui portent aujourd'hui le nom de *sousmarines*, sont de grandes révolutions naturelles qui appartiennent à l'observateur géologique. Bornons-nous à l'examen des arbres renversés sur les bords de la Saône; et considérons-les sous le rapport des éclaircissemens historiques qui paroissent devoir en résulter.

On trouve près de ces arbres, au même niveau, des squelettes d'animaux et notamment des bois de cerfs de différens âges, dont quelques-uns sont brisés, d'autres entiers et bien conservés. Ces débris animaux sont sans doute très abondans, puisque dans un espace de moins d'un demi myriamètre et dans le court intervalle de huit à dix ans, jusqu'au moment actuel, sans qu'il ait été fait aucune recherche à ce sujet, la rivière a mis à découvert cinq à six paires de ces

2

bois, qui étoient plongés dans la couche
de terre formée par les débris des branches et des grands végétaux, au - dessus
desquels il s'est amoncelé ensuite trois
à quatre mètres de terrain.

On a trouvé près de *Verdun* une tête
entière qu'on croyoit être celle de l'*urus*
dont César a parlé, ainsi que plusieurs
dents molaires fossiles, qui ont, suivant
toutes probabilités, appartenu à des éléphans (1); j'ai vu à Dijon une mâchoire
inférieure de cet animal, toute entière,
qui étoit également fossile, et avoit été,
à ce que m'a assuré le propriétaire, re-
tirée de la Saône vis-à-vis *Trévoux*. Ce
beau morceau venoit-il, comme quelques-
uns l'ont soupçonné, du temps où An-
nibal traversa une partie de la Gaule
pour porter son armée dans le cœur de
l'Italie ? Non, sans doute, puisqu'il est
bien prouvé aujourd'hui que ce général

----

(1) On en a trouvé de semblables dans les fouilles
faites pour la construction du canal du Charolois,
d'autres dans le voisinage d'Auxerre, près de Fouvent,
à Porentruy, etc. etc.

ne passa pas l'Isère, et laissa entre la Saône et lui un intervalle de près de douze myriamètres (1). Cette origine ne mérite pas plus d'être crue que les contes des prétendus géans *Evandre* et *Teutobochus*.

Les ossemens fossiles des éléphans et des autres grands animaux n'annoncent rien qui soit particulier à la Saône. On en a trouvé de semblables près de *Tournus*, de *Verdun*, de *Fouvent*, à un myriamètre de la Haute-Saône au-dessus de *Gray*, près de *Chagny* en Bourgogne, etc. Mais ces productions géologiques qui sont répandues abondamment sur toute la surface du globe de la terre, et que M. *Cuvier* a si bien fait connoître dans ses savantes dissertations *sur les ossemens fossiles* (2),

(1) V. le Mémoire de M. *de Mondajors*, dans le *Recueil de l'Académie des inscriptions*, in-4.°, tom. 5, pag. 198; et celui de l'abbé *Chalieu*, dans le *Recueil de ses œuvres*, vol. in-4.°, pag. 101 et suiv.

(2) *Recherches sur les ossemens fossiles des quadrupèdes*, etc. in-4.°, tom. 2. Mémoire *sur les éléphans vivans et fossiles*, pag. 19 et suiv.

appartiennent à des époques beaucopp plus anciennes que celle dont je dois m'occuper. Sans entrer dans une carrière aussi vaste, qui m'écarteroit de mon sujet, et en n'examinant que les débris d'animaux indigènes qu'on voit sous les couches de terre calcaire que la Saône a déposées sur ses rivages, n'ai-je pas encore à présenter aux curieux une matière assez intéressante d'observations? En effet, il y a déjà de quoi piquer vivement la curiosité de l'antiquaire, dans ces vénérables restes de la nature jadis vivante, qui se sont conservés après avoir été enfouis bien avant les temps connus, et qui avoient sans doute déjà disparu depuis quelques siècles, lorsque les Strabon, les Ptolémée, les Jules-César, ont écrit la description de la Saône et des pays qu'elle arrose.

Il a été découvert encore des bois de cerfs et des débris d'autres animaux, près d'Anvers dans le lit de l'Escaut, et aux environs d'Abbeville en Picardie, dans des anciens marais sur les bords de la

Somme (1). Quoique les circonstances de ces découvertes ne soient pas tout à fait semblables à celles des bords de la Saône, on peut se servir des mêmes principes d'explication pour les unes et les autres. Un magistrat d'*Abbeville*, correspondant de l'Institut de France, adressa en décembre 1810, à M. *Mongez*, une (2) *lettre* dans laquelle il soutient que les arbres renversés sur les bords des anciennes branches du cours de la Somme, étoient tous consacrés aux divinités locales; que les débris d'animaux sauvages qui s'y trouvent réunis *par milliers*, dit-il, y avoient été suspendus comme offrandes religieuses, par des chasseurs qui avoient coutume d'y déposer aussi des armes et des

---

(1) On en a découvert dans beaucoup d'autres lieux, qui sont indiqués par M. *Cuvier*, au § 7, art. 2 de son *Mémoire sur les os fossiles des ruminans, trouvés dans les terrains meubles*, pag. 38 et suiv. *Recherches sur les oss. fossiles*, etc. in-4.°; tom. iv.

(2) Imprimée dans le *Magasin encyclopédique* de 1811, tom. 2, pag. 82 et suiv.

ustensiles de chasse, même de petites
statues, et que ces arbres sacrés avec les
ex voto dont ils étoient chargés, furent
détruits à dessein et dans un temps connu,
par les premiers zélateurs de la religion
catholique.

Quelqu'ingénieuse que soit cette opinion, il faudroit, pour en discuter utile-
ment la solidité, avoir examiné la disposition des monumens dont il s'agit. Il
faudroit savoir comment les arbres dont
parle l'auteur, étoient placés sous la
tourbe qui les a recouverts ; quels étoient
les animaux dont on a trouvé les débris ;
à quelle profondeur étoient les instru-
mens de chasse dont il fait mention ; et
enfin, si les débris de vases qu'il a pris
pour des offrandes, appartenoient bien
aux mêmes époques que les arbres et les
débris d'animaux.

Les offrandes faites à Diane, déesse de
la chasse et protectrice des chasseurs, ne
pouvoient remonter qu'au temps où les
Romains eurent apporté dans les Gaules
leur culte, avec cette religion poétique
imitée des rits grecs, dont il existe tant

de monumens, et que les poètes ont si souvent rappelée dans leurs écrits.

Il n'est pas douteux que les Romains avoient aussi des arbres sacrés et y suspendoient des bois de cerfs, des bandelettes et mille autres choses. Mais la religion des Romains n'a subsisté dans les Gaules que pendant un peu plus de quatre siècles, et c'est pendant ce temps-là que les monumens latins du paganisme se sont multipliés dans cette contrée et surtout dans les villes. Or, je me persuade qu'à l'époque de la conquête, les Gaules avoient déjà à peu près la même forme qu'elles ont aujourd'hui, et qu'à l'exception de quelques défrichemens qui ont été faits, à mesure que les arts s'y sont introduits ou perfectionnés, et des atterrissemens successifs qui ont dû augmenter, ainsi que je le disois tout à l'heure, les rivières présentoient dès-lors, quant à leur cours, presque le même aspect qu'elles ont dans le temps actuel.

En se bornant donc à ce qui frappe les yeux de tout le monde, sans se livrer à aucune conjecture, c'est-à-dire en obser-

vant un grand nombre de débris animaux,
et particulièrement de bois de cerfs ras-
semblés dans les mêmes lieux, sur les
bords d'une rivière, et mélangés parmi
les troncs renversés pêle-mêle de vieux
arbres recouverts successivement d'une
couche de terre qui s'est élevée à la hauteur de trois ou quatre mètres, on ne
peut pas se dispenser de faire remonter
l'époque de cette disposition à un temps
bien antérieur à celui de la conquête des
Gaules.

Les Celtes avoient une vénération particulière pour le chêne ; cet arbre étoit
suivant la religion druidique le siège de
la divinité. Les habitations de ce peuple
étoient presque toujours placées à l'ombre
des forêts, *vitandi æstus causâ*, et près
des rivières dont les rives en furent longtemps couvertes. L'usage des Celtes, après
la guerre, étoit de suspendre les têtes des
ennemis au cou de leurs chevaux, ou près
de leur domicile, comme un trophée de
la victoire. Ils conservoient précieusement
les têtes des personnages illustres après
les avoir embaumées, *cedrio inungentes*,

dit le traducteur de Strabon (*Histor. de France. In-fol.* tom. 1., p. 31.) Il est donc vraisemblable que leur usage de suspendre aux branches des vieux chênes, les têtes ou quelqu'autre portion des grands animaux tués à la chasse, résultoit du même préjugé national. Rien n'annonce que ce fût un hommage exclusif à la divinité ; c'étoit plutôt une suite de l'usage barbare dont parlent les anciens auteurs, parce qu'il existoit sans doute encore de leur temps. Ces têtes, exposées dans des lieux fréquentés, ou peut-être voisins de quelqu'habitation, étoient des témoignages de force, d'adresse, et de petites victoires domestiques, dont la vanité du chasseur celte étoit continuellement flattée, parce qu'ils lui valoient une grande part de la considération publique.

La religion des Celtes leur défendoit expressément de couper les chênes ; ces arbres tomboient de vieillesse ou par accidens, sans que personne songeât à en recueillir les débris. Les trophées suspendus à leurs branches restèrent également dans l'abandon, parce que ces sortes de monu-

mens ne font d'ordinaire qu'une impres-
sion foible sur l'esprit des successeurs de
ceux qui les ont érigés. D'ailleurs , si les
Celtes avoient des établissemens fixes dans
quelques lieux , il est certain que la plupart des familles étoient errantes ; en sorte
que , ne séjournant dans une contrée
qu'autant qu'elles y trouvoient quelqu'a-
vantage , elles transportoient leur ménage
ailleurs avec la plus grande facilité , et
abandonnoient sans scrupule tout ce qui
n'étoit pas absolument utile à l'existence.
Ainsi , les arbres debout ou renversés ,
les débris des animaux tués et mangés ,
mille choses semblables de peu de valeur
restoient exposées aux intempéries des saisons et au mouvement des eaux , quand
elles se trouvoient dans une étendue de
terrain susceptible d'être couverte par les
inondations.

Le lit de la Saône proprement dit , ou
le fossé dans lequel ses eaux apparentes
sont rassemblées , est garni d'une couche
quelquefois assez épaisse de sables de deux
sortes ; l'un , très-fin, qui porte le nom
de *sable* , et qui est presque tout vitri-

fiable, est continuellement remué par les mouvemens de l'eau. Souvent transporté par bancs dont la forme varie sans cesse, il est retenu par les moindres obstacles, même par les plus petits végétaux, et forme dans le lit de la rivière, des élévations qui augmentent, quand les circonstances se trouvent favorables pour entretenir cet accroissement. Les mariniers de la Saône connoissent un banc de ce petit sable vis-à-vis le village de *Pagny*, qui se forme pendant l'hiver, et embarrasse la navigation au printemps, jusqu'à ce que l'eau basse de l'été faisant reprendre à la rivière dans cet endroit son cours ordinaire, le banc de sable est entraîné et la navigation rétablie. Je cite ce fait comme une particularité remarquable, sur laquelle j'aurai occasion de revenir. Ce sable mêlé avec la chaux, lorsqu'il n'est pas trop fin, fournit un excellent mortier qui durcit à la longue, surtout quand il est placé dans un terrain humide.

La seconde espèce de sable de la Saône se nomme *gravier* : il est beaucoup plus gros que l'autre, et presque tout calcaire.

Cependant on y trouve des agathes, des
cailloux, surtout dans la partie supérieure
de la rivière ; et en général, on a observé
que ce gravier est d'autant plus précieux
qu'on s'approche davantage de la source
de la Saône. On y remarque aussi des
débris de marbres, des poudingues, mais
surtout un très-grand nombre de pétrifi-
cations dont l'examen pourroit fournir
une multitude d'observations très-singu-
lières. En effet, outre une quantité de
bélemnites, d'astéries, de trochites, d'en-
troques, d'échinites, d'astroites, de ver-
miculites, de fruits pétrifiés, etc., qui
sont mélangés dans le gravier de la Saône,
on y trouve des objets de formes semblables, quoique fort irréguliers, qui ne
peuvent être que des débris pétrifiés de
fruits, ou d'ossemens, ou de quelques ustensiles à l'usage des plus anciens habitans du globe, dont les analogues ne sont
plus du tout connus, et dont aucun na-
turaliste n'a parlé. Toutes ces pétrifica-
tions sont en partie déformées, parce
qu'elles sont continuellement remuées par

l'eau qui les use, et finit par les rendre tout à fait méconnoissables.

Le gravier de la Saône s'étend sous la terre, à peu près au même niveau, jusqu'à une grande distance du lit actuel de la rivière : ce gravier a sans doute été déposé à découvert, ainsi que celui que nous voyons, mais à des époques très reculées, lorsque l'eau couvroit des espaces considérables, sur lesquels la terre calcaire s'est ensuite amoncelée. Il en résulte la filtration et la purification des eaux souterraines que l'on trouve plus ordinairement au niveau de la Saône, surtout dans le voisinage de cette rivière.

Ses bords présentent aussi quelques veines de grès mamelonné, qui paroît formé dans une couche d'argile, et dont les gelées et le frottement ont détruit probablement de grandes parties qui ont produit le sable fin dont plusieurs endroits du lit de la rivière sont tapissés. Cette supposition semble avoir plus de vraisemblance que celle de quelques personnes qui ont cru que tous les sables de la

Saône étoient descendus des Vosges. C'est
trop généraliser un effet qui a concouru
sans doute, mais seulement en partie, à
l'épanchement des sables et graviers, dont
le frottement continuel des grès et des
pierres les unes contre les autres, les pé-
trifications de corps étrangers, peut-être
l'agglomération des portions de vase aussi
pétrifiées, et d'autres causes que nous ne
connoissons pas, ont dû, depuis un temps
si prodigieusement éloigné de nous, opérer peu à peu la formation.

Enfin, après les productions végétales,
animales et fossiles, que le lit de la Saône
renferme, il faut encore placer des débris
de tuiles antiques, des fragmens de vases
aussi antiques, qui se trouvent souvent
mêlés dans les sables, et quelques médailles ou des ustensiles dont il est difficile de
déterminer précisément l'âge : mais ces
derniers objets, qu'on ne trouve guère
que sur les bords extérieurs de la rivière,
paroissent appartenir aux tems où ces bords
avoient déjà leur forme actuelle : en sorte
qu'ils ne présentent rien d'intéressant sur
les révolutions topographiques que la

Saône a éprouvées : nous ne croyons donc pas qu'il soit nécessaire de nous y arrêter.

Il n'en est pas de même des tuiles et des débris de vases. Le correspondant de l'Institut dont j'ai cité l'ouvrage à l'occasion des bois de cerfs, pensoit que les vases dont il existe des débris dans les rivières où l'on trouve des arbres renversés, étoient des *offrandes faites à Diane*, et déposées le long de ces rivières *par des chasseurs* gaulois ou romains, *dans le dessein de se rendre cette divinité favorable.* (*Mag. encycl.* 1811. Tom. 2, p. 92.) J'ai déjà dit la raison qui ne me permet pas d'adopter ce système en thèse générale : il n'est pas admissible non plus dans le cas particulier pour ce qui concerne la Saône; car je puis affirmer que je n'ai vu aucun vestige de poterie façonnée au niveau où sont les chênes renversés et les débris animaux. Les goulots, les anses et autres débris d'amphores de grandes dimensions, les fragmens de vaisselle en *terra campana* très-fine, que j'ai vus dans les sables de la Saône, y avoient été vraisemblablement roulés par la destruction progressive des bords de la rivière : c'est en effet, dans les coupes résultantes de cette destruction que j'ai remarqué des petits tas de fragmens de tuiles antiques ; et ces débris sont toujours à une certaine distance des chênes , au moins un mètre un ou deux tiers au - dessus des couches qui recèlent ces grands végétaux, avec les ossemens qui les accompagnent quelquefois. Il en faut conclure que les vases ou les tuiles dont il est question , sont des ouvrages postérieurs à l'établissement des Romains dans les Gaules ; que ces ouvrages d'arts dont les anciens Gaulois n'avoient peut-être qu'une connoissance très-imparfaite, servoient à l'usage des individus qui résidoient sur les bords de la Saône , où des mariniers qui y exerçoient la navigation ; et que ces objets n'ont été confectionnés que longtemps après que les inondations de la Saône eurent formé une couche de terre déjà fort épaisse au-dessus des arbres tombés et oubliés sur les bords de cette rivière.

La Saône nourrit presque tous les poissons d'eau douce , ainsi que plusieurs co-

-quillages , notamment la moule de rivière
qui trace avec facilité son sillon sur le
sable fin , et la nérite fluviatile marbrée,
dont la coquille se trouve si abondamment dans le sable de moyenne grosseur :
alors l'animal n'y existe plus ; ce qui fait
croire qu'il reste pendant sa vie caché au
fond de l'eau ou dans la vase , et que le
coquillage ne paroît à l'extérieur que lorsqu'il est vide : du moins il est rare qu'on
le voie vivant. On y trouve aussi le limas
d'eau douce, *cochlea fluviatilis*, de petits
buccins de rivière , etc.

§ §.

La Saône est navigable et par conséquent commerçante depuis un temps im-
mémorial. Quelque peu avancés que fussent nos ancêtres gaulois dans la civilisa-
tion , ils avoient senti la nécessité d'établir cette communication qui a peut-être
été longtemps la seule , dans des pays où
les chemins frayés étoient à peine connus
et auroient d'ailleurs été impraticables, à
cause des forêts épaisses et des eaux stagnantes que la culture n'avoit pas encore
fait disparoître.

3

Les auteurs citent la navigation dans
le nombre des arts que les Gaulois exerçoient, avant qu'ils eussent eu le malheur
de ressentir les effets des guerres civiles
qui tourmentoient les Romains : *extant
vestigia antiqui studii apud eos, maxi-
mè quod ad machinas et nauticum ap-
paratum attinet.* (Trad. de Strabon.)
Aussi leurs chefs avoient profité de cette
occasion pour imposer des taxes sur les
individus qui naviguoient sur la Saône.
La position du *Châtelet*, où cette rivière
faisoit jadis un détour beaucoup plus
grand qu'aujourd'hui, étoit peut-être l'un
des lieux où se percevoit cette sorte d'im-
pôt : les médailles gauloises en argent
qu'on y a trouvées, peuvent le faire soup-
çonner ; on y a trouvé aussi d'autres pièces
de monnoie, un denier d'argent consu-
laire, un Tibère en argent, des moyens
bronzes, etc. Enfin, le *Châtelet* a conti-
nué d'être un lieu de péage sur la Saône,
en vertu des ordonnances de nos Rois (1).

(1) *Navigation de Bourgogne*, par M. *Antoine*,
in-4.°, 1774, pag. 243.

Ces taxes du temps des Celtes, dont une justice stricte, ou des réglemens bien clairs entre les peuples riverains, ne déterminoient pas toujours la perception et le montant, étoient fréquemment des sujets de guerre entre eux. Une de ces guerres divisoit les Séquanois et les Eduens lorsque Jules-César vint s'emparer de ces pays; et il est juste d'observer en passant que les divisions que cet habile général trouva établies dans la Gaule, non-seulement sur l'objet dont il est question, mais sur beaucoup d'autres sujets de rivalité politique ou de jalousie commerciale, ne contribuèrent sans doute pas peu aux succès qu'il obtint.

On connoît les améliorations que le gouvernement des Empereurs produisit dans les Gaules. Les arts et la politesse de Rome y pénétrèrent peu à peu : des grands chemins furent ouverts; le commerce prit une nouvelle activité, et la navigation dut participer aux avantages de ce nouveau régime.

Il paroît que dès-lors la ville de *Châlon-sur-Saône* devint l'entrepôt des denrées que les défrichemens multiplièrent bientôt dans les provinces soumises à la domination romaine. Alors sans doute se fit apercevoir la nécessité d'établir des réglemens fixes auxquels la navigation fut obligée de se conformer. Alors furent créées les corporations de nautonniers sur les principales rivières navigables de la Gaule : plusieurs inscriptions rapportées par *Gruter*, font mention des nautonniers de la Saône et de leur chef : *patronus nautarum araricorum , etc.* (1) Un beau monument trouvé sous les anciens murs du *castrum divionense ,* puis placé par M. *Legouz-de-Gerland* au jardin de botanique de *Dijon ,* paroît avoir appartenu au tombeau de l'un des principaux de ces nautonniers :

Nauta araricus h. m. s. l. h. n. s.

Et on peut conclure d'une phrase de la notice de l'empire d'occident, que, vers la fin du 4.e siècle, le chef de la naviga-

---

(1) *Recueil des Historiens de France*, in-fol., tom. 1 , pag. 131 et 132.

tion de la Saône, *praefectus classis ara-ricae*, résidoit à *Châlon*, *in provinciâ Lugdunensi primâ.*

Il est assez remarquable que dans les temps anciens la navigation de la Saône s'étendoit beaucoup plus loin qu'aujour-d'hui. Le savant abbé *Lebeuf* a publié en 1735 une *lettre* adressée à M. *Dunod*, l'historien de la Franche-Comté, dans laquelle il prouve que le *portus abucini* ou *portus bucinus*, est le lieu qui se nomme aujourd'hui *Port-sur-Saône*. Cette opinion qui étoit aussi celle d'*Hadrien de Valois*, a été adoptée par *Dunod*, et développée de manière qu'il ne peut guère rester de doutes raisonnables là-dessus. *Portus abu-cini*, à présent *Port-sur-Saône*, bourg situé à un myriamètre de *Vesoul*, étoit jadis une ville considérable, *oppidum* : elle est mentionnée dans la notice des Gaules faite sous le règne d'Honorius, et c'est apparemment de là que les Gaulois fai-soient partir des flotilles de bateaux qui se rendoient jusqu'au Rhône.

M. *Crestin*, dans ses *Recherches histo-*

riques sur la ville de Gray (1), a dit que cette supposition lui paroissoit impossible, parce que près de *Port-sur-Saône*, cette rivière *n'est pas navigable trois mois de l'année;* et il a cru que la position du *portus abucini* des anciens devoit être fixée plus naturellement à *Gray*, où est aujourd'hui le point de départ ou la tête de la navigation de la Saône. Mais la conjecture de M. *Crestin* ne détruit pas les inductions que *Valois*, l'abbé *Lebeuf* et *Dunod* ont tirées d'un passage de la *vie de St. Urbain*, à l'occasion de *St. Vallier*, à qui on érigea près du lieu désigné dans cette ancienne chronique, une chapelle qui existoit encore de nos jours. Les réflexions qui furent adressées à ce sujet dès 1732, à l'abbé *Lebeuf* par le P. *Coquelin*, coadjuteur de l'abbé de Faverney, sont sans réplique (2).

Y auroit-il de la témérité à supposer que le lit de la Saône étoit autrefois plus

(1) *Recherches historiques sur la ville de Gray*, par M. *Crestin*, in-8.°, pag. 6.

(2) *Mercure de France*, mars 1735, pag. 491.

profond qu'il ne l'est à présent ? Si ce fait est admis, il sera facile de croire que la navigation a pu être jadis plus étendue, plus commode; et conséquemment qu'elle a pu commencer sur un point de la rivière qui est aujourd'hui impraticable.

Ce n'est pas cependant que je prétende qu'il faut ajouter une foi entière à l'anecdote du prétendu *vaisseau* chargé de marbre et d'airain, et envoyé de *Rome* à *Besançon* par la mère de Constantin, pour servir à la décoration de l'église nouvellement construite au pied du mont *Cœlius*. Un vaisseau chargé qui remonte le Rhône, puis la Saône jusqu'à *Verdun*, puis le Doubs jusques près de *Besançon*, quelque léger qu'on le suppose, a dû, dans l'état où les choses étoient alors, éprouver de très grandes difficultés, surtout en approchant du terme de sa course : c'est au surplus, sur quoi je ne me permettrai pas de prononcer. Mais je ne crains pas d'affirmer que la Saône a dû être plus profonde à une époque que je suppose éloignée de nous de douze à quinze cents ans.

Les anciens connoissoient aussi bien que nous la construction des digues et autres ouvrages du même genre, tel que celui qui existoit à *Auxonne* il y a quelques années, qui retenoit l'eau de la rivière à une hauteur de deux mètres deux tiers de plus qu'à la partie d'au - dessous qu'on appelle d'*aval*, et la forçoit par conséquent de s'élever jusqu'à une grande distance. La digue dont on voit des vestiges devant le village de *Pagny*, et sur laquelle j'ai fait un mémoire particulier, servoit peut-être au même usage. Il est vraisemblable que ces travaux ménagés habilement et entretenus avec soin, contribuoient aussi à rendre la Saône navigable jusqu'à *Portus abucini*, à l'époque de la conquête des Romains ; et ce qui devoit y contribuer encore sans contredit, c'est la forme des bords de la rivière, qui, plus garnis de petits saules ou d'autres plantes riveraines, et moins excavés par les affouillemens faits pour le rouissage, ou par les défrichemens partiels mal entendus, contenoient l'eau dans une largeur moins grande et plus régulière, occasionnoient un cours plus rapide , et par conséquent plus de profondeur à l'eau dans le bassin navigable.

Depuis ce temps , mille causes se sont réunies pour élever le sol de ce bassin. Parmi ces causes, il faut distinguer d'a- bord la nature des sables que le mouve- ment des pierres , des grès , des terres adja- centes , multiplie toujours, que les eaux entraînent , et qui s'arrêtent souvent pour former des ilots susceptibles de prendre un accroissement continuel. Il faut comp- ter aussi les épanchemens des portions de terres défrichées dans les environs , en- traînées par les fossés ou par les petites rivières affluentes , les débris de tous gen- res versés dans le même bassin par les lieux habités qui bordent ses rivages, no- tamment par les villes dont la population plus considérable fournit aussi plus de *detritus* qui se rendent dans la rivière ; en telle sorte que si elle n'épanchoit pas sur ses bords par les inondations , une partie de la vase qu'elle reçoit , le terrain de son lit s'éleveroit bien davantage. Mais ce qui y a contribué le plus efficacement, ce sont les travaux que l'on a faits jusques dans le milieu de ses eaux, les digues, les chaussées, les terres portées pour le rouissage des chanvres, surtout l'établissement d'une grande multitude de moulins à bateaux, avec des clayonnages mobiles entretenus chaque année par des fascines remplies de terre, qui, depuis plusieurs siècles favorisent dans le lit même de la rivière, la végétation de saules et d'autres plantes qui arrêtent le mouvement général des eaux et l'écoulement des sables.

Toutes ces causes agissant peu à peu, mais sans interruption, depuis le temps que j'ai énoncé, ont dû produire sur le total du lit navigable, un effet de quelqu'importance. Cet effet, qui consiste à élever le terrain sur lequel les eaux coulent, et par conséquent à embarrasser leur cours, sans en augmenter l'élévation, à cause des pertes qui se multiplient en proportion des obstacles, est surtout sensible pendant les temps des inondations, dans les lieux où le cours de la rivière est resserré par des bords qui ne lui permettent pas de s'étendre comme ailleurs. Ainsi à

Auxonne, par exemple, l'eau dans ces temps-là s'élève quelquefois de cinq mètres et demi au - dessus des plus basses eaux, et elle entre dans les rues de la ville; c'est une circonstance dont l'histoire des temps anciens ne fait aucune mention. A *Châlon*, les crues de la Saône donnent aujourd'hui six à sept mètres d'eau ; et on sait que jadis elles n'en donnoient que trois et demi à quatre. Cette observation, que les personnes de l'art peuvent vérifier, a été faite encore en d'autres lieux éloignés, et notamment dans les villes dont la Seine baigne les murs avant d'arriver à *Paris*. Cette rivière procure aujourd'hui des inondations assez fréquentes, dont les temps passés ne voyoient que très-rarement de pareils exemples.

Ce sont sans doute les circonstances que je viens d'énoncer, qui avoient rendu la navigation de la Saône à peu près impraticable, dans les lieux où elle avoit commencé autrefois, jusqu'à *Pontailler*, qui est l'ancienne *Amagetobria*. Ce port passoit en 1774 pour être le premier port

commerçant de la Saône (1), et il paroît
qu'une autre particularité locale avoit
concouru aussi à faire abandonner la navigation dans la portion de la rivière qui
est au-dessus de *Pontailler*. Les bois qui
bordent la Saône au-dessus d'*Heuilley*,
entre ce village et ceux d'*Apremont* et de
Mantoche, avoient succédé à des forêts
plus anciennes, dont les arbres étoient
tombés, ainsi qu'il a été dit plus haut ; et
la rivière, en détruisant l'un ou l'autre de ses bords, avoit mis à découvert
une grande quantité de ces arbres antiques qui embarrassoient la navigation. La
partie entre *Mantoche* et *Gray* étoit
également devenue impraticable par des
obstacles de différentes sortes. Il a fallu
faire des travaux qui ont réussi : en sorte
que depuis quelques années seulement, la
Saône est redevenue navigable jusqu'à
Gray, c'est-à-dire, environ deux myriamètres et demi au-delà du point où les
bateaux chargés n'auroient pas pu mouil-
ler d'une manière convenable il y a quarante ans.

(1) *Navigation de Bourgogne*, pag. 201.

On avoit proposé de rendre la Saône navigable jusqu'à *Jonvelle* , qui est à neuf myriamètres de *Gray* , à peu près quatre myriamètres au delà du point où les antiquaires ont placé le *Portus abucini* , aujourd'hui *Port-sur-Saône* , qui a été jadis vraisemblablement le terme de la bonne navigation de la Saône (1). Il étoit réservé aux personnes de l'art de juger la possibilité de cette réparation, et de comparer la dépense qu'elle auroit occasionnée , avec les avantages qui en auroient pu résulter. On a construit à *Gray* une écluse dans le lit même de la Saône , d'après le projet de M. *Bertrand,* qui est devenu ensuite inspecteur-général des ponts et chaussées (2). Ce travail pouvoit servir à préparer l'exécution du projet dont il s'agit. Il eût été à desirer peut-être qu'on fît une écluse semblable à

---

(1) *Ibid.* pag. 200.

(2) *Mémoire et discussion sur les moyens de rendre le Doubs navigable, etc.* par *P. Bertrand*, etc., Paris , an xii-1804, in-4.° , avec une figure de l'écluse construite à Gray.

Auxonne, à la place de la digue mal construite qui y a été faite vers 1673, pour
l'usage des fortifications que *Vauban* y fit
établir. Mais tous les projets relatifs au
rétablissement de la navigation de la
Saône, sont depuis un demi-siècle assez
froidement accueillis par l'administration
des ponts et chaussées, parce que le système des canaux navigables artificiels a
prévalu en France. Ce système ayant paru
offrir au commerce des avantages particu-
liers, et notamment des communications
auxquelles on ne pensoit pas autrefois ;
on a abandonné les dispositions sanction-
nées par plusieurs lois du gouvernement,
pour faire opérer les transports, comme
cela s'étoit pratiqué jusqu'alors, en répa-
rant les rivières navigables, ou en don-
nant de la profondeur à celles qui n'a-
voient présenté que de foibles moyens à
la navigation.

L'histoire fait remonter jusqu'au règne
de Néron, la première idée connue d'établir une communication entre les deux
mers par la Saône, en réunissant cette
rivière aux autres qui prennent leur

source à peu de distance de la sienne. Mais *Tacite* qui parle de ce projet du général romain *Lucius Vetus*, n'indique que d'une manière très succincte les moyens que ce général auroit employés pour faire remonter des marchandises du Rhône jusques dans le Rhin par la Moselle, en les faisant passer dans des parties de ces rivières voisines de leur source, où la navigation paroît d'une nullité complette. A la vérité, les Romains ont fait de si grandes choses dans les Gaules et ailleurs, qu'il n'est pour ainsi dire pas permis de supposer impossible l'exécution d'un projet conçu par eux. En effet, un de nos savans ingénieurs, qui a visité le local en 1792 (1), a énoncé à ce sujet des idées qui paroissent très satisfaisantes, d'où il faut induire que cette communication pouvoit être exécutée.

L'académie royale des inscriptions avoit proposé pour le sujet d'un de ses prix

_____

(1) V. le Mémoire de M. *Antoine* aîné, *sur le canal de Dijon à la Saône*, imprimé en l'an xi dans le *Journal des bâtimens*, pag. 8.

de l'année 1769 , qui fut remis à l'année 1771 , de déterminer *quels ont été depuis les temps les plus anciens jusqu'au* iv.ᵉ *siècle de l'ère chrétienne , les tentatives des différens peuples pour ouvrir des canaux de communication , soit entre diverses rivières , soit entre deux mers différentes , soit entre des rivières et des mers , et quel en a été le succès ?* Le docte professeur J. J. *Oberlin* , de Strasbourg , publia en 1775 un livre intitulé : *Jungendorum marium fluminumque omnis ævi molimina* , etc. (1) Mais toutes les recherches faites à ce sujet intéressent l'histoire générale de la navigation des canaux, sur laquelle il existe un grand nombre d'ouvrages plus ou moins importans : nous devons nous borner à ce qui concerne la Saône.

Les ingénieurs avoient proposé depuis longtemps différens moyens de se servir de cette rivière pour établir la communication du midi de la France par le Rhône, avec

(1) V. *Magasin encyclopédique* , in-8.° 1807 ; tom. 2, pag. 86.

l'Océan par les grands fleuves qui s'y rendent. On avoit senti le besoin et développé la nécessité d'ouvrir des débouchés
de commerce pour plusieurs parties de la
France qui n'avoient que des moyens de
transport par terre , très difficiles et dis-
pendieux , et l'on avoit reconnu que la
Saône devoit servir d'intermédiaire pour
les grandes circulations susceptibles de
porter l'abondance dans des pays qui n'a-
voient eu jusqu'alors aucune relation
commerciale.

Enfin , les Élus-généraux des États du
duché de Bourgogne obtinrent , en 1783,
des édits du Roi (1) , portant permission
de faire construire trois canaux navigables
ayant leur embouchure dans la Saône.

Le 1.ᵉʳ, partant de *Châlon-sur-Saône*
et traversant l'étang *de Longpendu* , qui
en est le point de partage, arrive dans
la Loire à *Digoin* , sur une longueur de

_____

(1) Les édits pour le canal du Charollois sont de
janvier et février 1783 : ceux pour les canaux de
Bourgogne et de Franche-Comté sont de septembre
et décembre de la même année.

près de quinze myriamètres , le long
des rivières de la Dheune d'un côté, et
de la Bourbince de l'autre ; on le nomme
vulgairement *canal du Charollois* , parce
qu'il traverse en entier cette province
montueuse , d'où on avoit beaucoup de
peine à exporter la plupart des denrées et
particulièrement les bois ; on le désigne
encore sous le nom de *canal du centre*.

Le 2.ᵉ canal part de *Saint - Jean - de-
Losne* , passe près de *Dijon* , et se prolonge au travers de la *Bourgogne* proprement dite , sur une longueur d'environ 27 à 3o myriamètres, pour arriver
dans la Seine par l'Yonne et l'Armançon
qu'il rencontre à *Brinon* , au dessous de
Saint-Florentin. Ce canal , qui n'est pas
achevé , côtoiera d'un côté l'Ouche , et de
l'autre la Brenne et l'Armançon. Son point
de partage avoit d'abord été placé près de
Pouilly-en-Auxois : il paroît que cette
position n'a pas encore été définitivement
fixée par l'autorité compétente (1).

(1) Cela est expliqué dans la seconde partie d'une

Le 3.ᵉ canal est beaucoup moins étendu que les deux autres. Ouvert dans la Saône entre *Saint-Simphorien* et *Lapeyrière*, il se prolonge seulement jusqu'à peu de distance du village de *Saint-Ylie*, au comté de Bourgogne. Là il rencontre le Doubs, dont la navigation est difficile ; mais le long duquel on construit un nouveau canal qui passera à *Besançon*, et se rendra dans le Rhin, par l'Ill au-dessous de *Strasbourg*. Ce canal du Rhin appartient plus particulièrement à la Franche - Comté, c'est aujourd'hui le *canal Napoléon* ; il a été ordonné en 1783, d'après les idées et plans de M. *de Lachiche*, ingénieur et général de brigade (1). Celui de *Saint-*

---

dissertation très importante que M. *Leschevin*, membre de plusieurs sociétés savantes, et commissaire des poudres et salpêtres à Dijon, a fait insérer dans le *Journal des mines*, n.° 193, janvier 1813. Cet ouvrage est intitulé : *Mémoire sur la constitution géologique d'une portion du département de la Côte-d'Or, dans laquelle doit se trouver le point de partage du canal de Bourgogne.* in-8.° fig.

(1) On trouve dans le *Procès-verbal de la séance de l'Académie de Besançon*, du 1.ᵉʳ décembre

Simphorien à *Dole*, étoit l'ouvrage de
M. *Bertrand*, dont je viens de parler.

L'ouverture des canaux de Bourgogne
par la Saône, donna lieu à l'érection de
quelques monumens destinés à conserver
le souvenir de cette époque importante
pour l'histoire administrative de l'ancienne province. François *Pourcher*, sous-
ingénieur, neveu de M. *Gauthey*, ingénieur en chef, directeur-général des canaux de la Bourgogne, dessina trois cartes pour faire connoître : 1.º le canal du
Charollois en particulier ; 2.º la Bourgogne entière avec les trois canaux, les élévations des montagnes et tout le détail
géographique de cette province ; 3.º toute
la France présentant le système général
des grands bassins, avec les principaux
fleuves, les rivières qui y affluent, et les
canaux faits ou projetés pour opérer la
jonction des mers, ce qui compose un en-
semble complet de navigation. Ces cartes,
très bien gravées, méritent toute l'atten-

1810, in-8.º , pag. 49 et suiv., l'analyse de la
première partie des *Mémoires historiques de M. Coste,
vice-secrétaire, sur le canal Napoléon.*

tion des savaĩs. On éleva à la tête de chacun des canaux, une pyramide en forme
d'obélisque, chargée d'inscriptions en
bronze, pour perpétuer la mémoire des
premiers travaux qui y furent exécutés
en 1784 (1). Mais le monument le plus
durable et le plus beau sans contredit qui
fut fait à cette occasion, c'est la médaille
de 72 millimètres de diamètre, gravée
par *B. Duvivier*, aux frais des États
de Bourgogne. Elle présente d'un côté
le buste du Roi, et de l'autre un très
beau groupe composé des trois fleuves,
la Loire, la Seine et le Rhin, au milieu
desquels la Saône, sous la figure d'une
belle femme, portant la couronne ducale,
élève le caducée du commerce et soutient
la corne d'abondance pour en annoncer
les effets. La légende est telle : *Utrius-
que maris junctio triplex* ; et on lit à
l'exergue : *fossis ab Arari ad Ligerim,
Sequanam et Rhenum simul apertis.*
M. DCC. LXXXIII. Cette médaille a été

---

(1) Cette délibération, en date du 21 août 1786,
est imprimée séparément in-4.°

exécutée aussi sous un module moins fort.
Le grand module est l'un des chef-d'œuvres
de M. *Duvivier*, et même certainement
de l'art numismatique.

Si la navigation de la Saône, dans toute
son étendue, c'est-à-dire depuis *Gray* jusqu'à *Lyon*, est un objet politique de la
plus haute importance, parce qu'elle offre
un moyen naturel et simple de transporter dans le midi, les denrées des fertiles
provinces, autrefois duché et comté de
Bourgogne, qui reçoivent en retour, par
la même voie, le sel, les vins communs
et toutes les marchandises méridionales
dont *Lyon* est l'entrepôt; il faut convenir
que depuis l'ouverture des canaux navigables, la partie de la rivière qui se trouve
entre les embouchures de *Châlon*, de
Saint-Jean-de-Losne et de *Saint-Simphorien*, mérite une attention particulière du
gouvernement. En effet, lorsque le *canal
de Bourgogne* sera achevé, et quand le
canal Napoléon aura ouvert une grande
communication avec l'Alsace et le Rhin,
cette partie de la Saône sera l'un des principaux points de réunion de toutes les

branches navigables de l'empire français.
Elle partagera avec le *canal de Briare* et
celui du *Languedoc*, la faculté de con-
courir aux échanges qui auront lieu entre
la Méditerranée et les principaux fleuves
qui versent leurs eaux dans l'Océan ; mais
elle aura de plus que les autres routes navigables, l'avantage d'unir le Rhône au
Rhin, et de procurer ainsi à notre commerce méridional, des rapports directs avec
celui de la Hollande, sans craindre les
chances de la mer, ni les caprices d'une
nation rivale.

Cette extrême importance a fixé d'autant
plus particulièrement, sur la partie de la
Saône dont il s'agit, l'attention de quelques
ingénieurs du département de la Côte-d'Or,
dans lequel se trouve à peu près les deux
tiers de cette partie. Ils ont cru voir que
le lit de la Saône entre *Saint-Jean-de-
Losne* et *Verdun*, n'a pas dans toute son
étendue, une profondeur suffisante pour
recevoir les charges que le commerce
peut transporter d'un canal à l'autre ; en
sorte que les marchandises amenées de
l'Allemagne ou du nord de l'Europe par

la voie du Rhin, ne pourroient arriver dans les provinces de l'ouest, par le *canal de Bourgogne* ou par celui du *Charollois*, ni dans le midi par la voie naturelle du Rhône, à moins qu'on ne multipliât les bateaux et par conséquent la dépense, avec perte d'un temps précieux.

Pour éviter ce double inconvénient, on a cherché à procurer au commerce une navigation plus courte, en abandonnant les sinuosités de la Saône, et plus régulière, en ouvrant un canal latéral qui présentât constamment une profondeur d'un mètre deux tiers, qu'on n'obtient pas toujours dans la Saône, surtout pendant les mois de l'été.

Après avoir hésité sur le choix de l'un des deux bords de cette rivière pour y ouvrir le canal artificiel, on a cru convenable de s'arrêter à la rive gauche, parce qu'il est possible d'y obtenir un niveau presque parfait, sur une ligne droite entre les villes de *Saint-Jean-de-Losne* et de *Seurre*, sur une longueur partielle de 12 à 15 mille mètres, d'où résulteroit une grande économie d'é-

cluses, et parce qu'il a paru qu'on pouvoit établir le canal à la hauteur de
quatre mètres au - dessus des plus fortes
eaux ordinaires de la Saône ; au moyen
de quoi il ne pourroit jamais en être
atteint.

Enfin, on a remarqué qu'un canal ainsi
disposé auroit l'avantage d'assainir, par
les contre-fossés qui devroient l'accom-
pagner, les terres marécageuses sur lesquelles court la petite rivière d'Auxon,
et de procurer des irrigations pour les
terres et prairies inférieures.

Tels sont les avantages prétendus de ce
projet pour lequel il a été fait, dit-on,
quelques vérifications préparatoires sur le
terrain dans le cours des années 1810 et
1811. On le présente avec tout l'attirail
des expressions sonores de l'intérêt public,
de la richesse d'un vaste empire, de la
belle communication entre la Baltique et
la Méditerranée, et de toutes les vastes
considérations politiques et commerciales
devant lesquelles les plus grands obstacles
doivent disparoître, etc., etc. Tout cela
est beau en théorie, mais la prudence

exige qu'on examine s'il ne seroit pas possible d'arriver aux mêmes résultats avec des moyens moins coûteux , et tout aussi efficaces. Si les inventions du génie et les difficultés à vaincre peuvent faire briller le talent des artistes, l'économie, la prudence et l'impartialité doivent entrer dans le compte des principales vertus du législateur.

C'est ici que je regrette plus vivement de n'avoir pas les connoissances suffisantes pour discuter un projet aussi important que celui dont je m'occupe , et l'analyser par détail avec la profondeur dont je sens que cette matière est susceptible. Je dois me borner aux simples réflexions qui peuvent venir à l'esprit de toutes les personnes impartiales qui connoissent les bords de la Saône. C'est même pour ne pas encourir le reproche de prévention , que je ne développerai pas le tort immense qu'un canal latéral artificiel feroit à l'agriculture et même à la propriété locale , en séparant des communes, de la plus grande partie de leurs territoires et de leurs bois communaux ou individuels; en forçant les cultivateurs de chercher par de longs détours, les ponts dont ils auroient besoin pour se livrer à leurs travaux ; en anéantissant l'industrie d'une population immense qui n'existe que par le service des bateaux et de la navigation de la Saône, etc., etc. Quelque dignes d'attention que soient ces motifs, puisqu'il est vrai de dire que la prospérité publique ne se compose que de la réunion de toutes les prospérités particulières, je ne m'y arrêterai point, par la raison que les considérations générales qui, j'en conviens, doivent avoir ici la préférence, sont suffisantes, à ce qu'il me semble, pour faire rejeter le projet dont il est question.

D'abord, il faut compter pour rien la prétendue utilité de ce canal pour assainir les terres adjacentes. Toutes ces terres, à une grande distance de la rivière, y ont leur écoulement naturel, et la petite portion de prés arrosés par l'Auxon que le canal traverseroit presque perpendiculairement et qui se trouveroient à la proximité de ce canal, ne sont pas à vrai dire des prés marécageux : ils ne sont submergés que quand le lit de ce ruisseau est obstrué par le passage des bestiaux ou par des amas de végétaux qu'il est facile d'enlever. On est obligé alors d'en opérer le curement : les communes riveraines font dans le moment actuel des démarches pour obtenir une autorisation à l'effet d'effectuer ce travail auquel un canal transversal ne pourroit d'ailleurs pas suppléer : c'est ce que tous les ingénieurs attesteroient au besoin.

Ils reconnoîtront sans doute aussi que ce canal n'atteindroit pas à beaucoup près le but que paroissent avoir en vue ceux qui proposent de l'exécuter. En ce qui concerne la distance qu'il s'agit d'abréger, en tirant une ligne droite de l'embouchure des canaux *Napoléon* et de *Bourgogne*, jusqu'à un point du Doubs où sa profondeur permettroit d'y introduire les bateaux pour les faire descendre à *Verdun*, on voit que la distance de *Saint-Jean-de-Losne* jusques vis-à-vis *Saunières*, par la Saône naturelle, est d'environ 40,000 mètres ; et qu'un canal artificiel ne peut

guère réduire cette distance au-delà de
30,000 mètres, ce qui n'opéreroit qu'une
diminution de 10,000 mètres, c'est-à-dire
à peu près du quart du chemin, avantage
assez peu considérable relativement à la
navigation, et qui le seroit d'autant moins
ici, qu'il faudroit naviguer pendant plus
de 6 à 8,000 mètres dans les bois où le
commerce est toujours moins sûr qu'en
rase campagne.

Ajoutons que les trains de bois équarris
ou en grume, que la Lorraine et la Franche-Comté fournissent aux provinces méridionales, ne sauroient se loger dans les
bassins d'écluses ; et dans le nombre des
marchandises sujettes à cet inconvénient
très grave, viennent se placer en premier
ordre, les pièces de marine qui servent à
alimenter nos ports de la Méditerranée.
Disons encore que les foins des belles
prairies naturelles de la Saône, qui sont
la principale richesse des villages dont elle
est bordée dans toute l'étendue dont il s'a-
git, ne pourroient plus être transportés
par bateaux en grand volume, comme
cela se pratique aujourd'hui pour le ser-

vice de *Lyon* et même de la Provence ;
parce que les ponts construits sur le canal
ne présenteroient certainement ni une
hauteur , ni une largeur suffisantes pour
le passage de ces sortes de bateaux , ce
qui entraîneroit la nécessité de charger
moitié moins , et par conséquent plus de
dépenses , d'embarras et de retard pour
cette espèce de transport.

Au surplus , les canaux artificiels sont
plus sujets aux intempéries des saisons
que le cours naturel d'une rivière navigable. Ils sont sujets à s'ensabler chaque
année , parce que les moindres filets d'eau
y amènent la vase des terres adjacentes.
Celui qui seroit voisin de la Saône , re-
cevroit aussi les sables et graviers dont les
bords de cette rivière sont intérieurement
composés à une grande distance , comme
je l'ai déjà dit. Cette qualité de terre occasionneroit une absorption continuelle
que les sécheresses seconderoient pendant
la plus grande partie de l'été ; et de plus,
quand même les dépôts de glaise diminueroient à la longue les effets de cette absorption , la gelée seroit un autre obstacle qui

réduiroit le canal à l'inutilité pendant tout l'hiver. L'eau stagnante d'un canal gélera toujours bien plus naturellement que l'eau agitée de la Saône, et comme celui-ci ne sera point alimenté par des eaux vives de fontaines ou de torrens, assez actives pour le préserver de l'action du froid, ainsi qu'on le remarque dans quelques parties de certains canaux, on peut calculer, sans crainte d'erreur, que l'été et l'hiver concourroient pour paralyser le service du canal latéral de la Saône pendant près de la moitié de l'année.

Un service aussi précaire, aussi incomplet, et susceptible d'être arrêté par tant d'obstacles à peu près inévitables, seroit payé trop cher par la dépense la plus médiocre employée pour disposer un local quelconque à l'effet de l'obtenir ; et cependant l'ouverture d'un canal sur la rive orientale de la Saône entre *Saint-Jean-de-Losne* et *Verdun-sur-le-Doubs* seroit une opération non-seulement très dispendieuse, mais encore dangereuse sous le rapport du besoin public, et même tout à fait inutile relativement à la navigation.

I. En effet, il n'existe point ici de ces
terrains vagues dont l'acquisition n'entre
quelquefois pour rien dans le calcul de
la dépense à faire pour une aussi vaste
entreprise ; point de ces bords sans valeur,
que l'on trouve souvent dans le voisinage
des petites rivières non navigables, dont
on a coutume d'emprunter le secours
pour alimenter au besoin les canaux artificiels.

Dans les cantons de *Saint-Jean-de-
Losne*, *Seurre* et *Verdun*, toutes les
terres sont fertiles, elles valent un prix
considérable, et comme les propriétés y
sont extrêmement divisées, on livreroit
au désespoir une multitude de familles,
en morcelant les corps d'héritages où il
faudroit pratiquer l'excavation, dussent
les experts en porter l'estimation à leur
véritable valeur, ce qu'il est assez difficile de supposer : les bois qu'il faudroit
traverser sur une longueur de plus de trois
quarts de myriamètre, ont une valeur
également importante qui étant fondée
sur une consommation locale, abondante
et assurée, devroit d'autant excéder celle

qu'on attribue d'ordinaire aux bois qui se débitent par la voie du commerce extérieur, toujours plus incertaine et beaucoup moins profitable.

Quant aux travaux d'art qu'il seroit nécessaire d'exécuter sur ce canal, en supposant même que l'on n'auroit point d'écluses à construire entre *Chaugey* et la ville de *Seurre*, sur une étendue de 10 à 12,000 mètres, et en réduisant le plus possible, pour le malheur des riverains, les ponts qu'il seroit indispensable d'établir pour permettre la communication des communes de *Chaugey*, *Chamberne*, *Toutenant*, *Pagny-le-Château*, *Chamblanc* et *Seurre*, avec les parties de leurs territoires qui en seroient séparées par le canal; il n'est pas moins vrai qu'il resteroit encore assez de travaux à effectuer pour occasionner une très forte dépense. Les ingénieurs seuls peuvent calculer mathématiquement et dire ce qu'il en coûteroit pour faire monter le canal sur le plateau de *Chaugey*, et le faire descendre dans le bassin du Doubs entre *Mont* et *Charney*, où la pente est

5

fort rapide ; pour le conduire sur une élévation convenable au bas de *Charney*,
dans un espace de sept cent cinquante
mètres, où les deux rivières du Doubs
et de la Saône ont coutume de se réunir pendant les inondations, et ne sont
alors séparées que par une levée qui
suffit à peine au passage d'une voiture ;
enfin, pour alimenter ce canal néces-
sairement beaucoup plus élevé que les
deux rivières, et sur un terrain où il
n'existe aucun ruisseau, sinon celui qu'on
appelle l'*Alliance*, (parce qu'il sort d'un
étang du même nom) qui ne fournit de
l'eau que pendant l'hiver, et encore lorsque les étangs de *Bauche* et de l'*Alliance*
sont à sec ; car il ne paroît guère possible
de faire verser dans le canal l'eau de la
petite rivière d'Auxon, dont le lit est
creusé à peu près au niveau de la Saône,
et dont l'embouchure se trouveroit fort
près du lieu où passeroit le canal. Il n'est
pas nécessaire d'avoir étudié les principes
de l'hydraulique pour concevoir que si l'on
vouloit profiter de l'eau ordinaire de cette
petite rivière pour l'usage du canal dont

il est question, qu'on ne pourroit se dispenser de maintenir à un niveau plus élevé que celui des deux rivières adjacentes, on occasionneroit le regonflement de cette eau, et par conséquent l'inondation continuelle des prairies de *Frauxault*, *Montagny*, *Tichey* et *Grosbois*, qui n'en sont déjà que trop incommodées, lorsque les moindres obstacles ou seulement les végétaux arrêtent son cours.

Ces inconvéniens très graves sans doute peuvent être sentis par toutes les personnes qui ont quelque connoissance des bords de la Saône. Je me garderai bien d'essayer d'y ajouter les développemens dont chacun des objets que je viens d'annoncer est susceptible, parce que j'affoiblirois certainement les conséquences que l'art peut tirer de tout ce qu'il y a à dire là-dessus.

II. J'ajoute que quand l'ouverture d'un canal navigable sur l'une des rives de la Saône pourroit être faite avec économie et sans opérer la ruine des riverains, il faudroit toujours rejeter cette idée comme dangereuse et préjudiciable également à la navigation et à la salubrité d'une des plus belles provinces de l'empire français. Pour prouver la première de ces propositions, je n'ai besoin que de rappeler quelques faits articulés dans la première partie du présent mémoire. On y a vu que le lit de la Saône est couvert d'un sable fin très léger que le mouvement des eaux transporte avec facilité ; que les moindres obstacles, les végétaux même retiennent ce sable qui forme des bancs et ensuite des îles ; que ces bancs sont quelquefois transportés par le mouvement extraordinaire que les inondations impriment à quelques parties du courant ; mais que sa régularité peut remettre les choses à peu près dans leur ancien état, à moins que des travaux mal entendus n'occasionnent de nouveaux obstacles. Ce ne sont point là des conjectures, ce sont des faits que chacun peut vérifier. Il en a résulté que les anciens barrages, les pieux plantés pour soutenir les clayonnages renouvelés tous les ans, et les abus des transports de terres des bords dans le courant de la rivière, y ont formé des bancs de sable

qu'on appelle des *gués*, qui auroient depuis longtemps intercepté le cours régulier
de l'eau, si la navigation, en remuant
sans cesse le sable du fond, n'en avoit
favorisé l'écoulement. Cet effet est si remarquable, qu'il n'est pas un patron de
la Saône qui ne connoisse ce qu'on appelle *laroute*, c'est-à-dire le fossé que la navigation descendante entretient toujours,
même dans les parties où l'eau a le moins
de profondeur, malgré la disposition que
le courant favorise à mettre de niveau
les sables qui ne sont pas retenus par les
circonstances que je viens d'indiquer.
Aussi les patrons s'accordent-ils tous pour
dire que depuis l'affoiblissement du commerce de la partie moyenne de la Saône,
qui date de l'ouverture du canal du *Charollois*, comme le nombre des bateaux
circulans a diminué d'une manière très
sensible, les *gués* se sont élevés, la *route*
s'est un peu encombrée et la navigation
passe pour être plus difficile qu'aupara-
vant. Sans attacher à cette observation
plus d'importance qu'il ne convient, il est
certain qu'elle doit être comptée pour

quelque chose, puisqu'elle résulte d'un
fait qu'on ne sauroit révoquer en doute.
On peut donc en conclure qu'en réduisant
le nombre des bateaux circulans, on affoi-
bliroit d'autant la faculté navigable de la
Saône ; que son inutilité occasionneroit
l'indifférence de l'administration à ce sujet ; en sorte que les anticipations et les
abus de tous genres s'y multiplieroient,
ainsi que cela est arrivé dans nombre de
rivières non navigables : les bancs de
sable, en s'élevant, se garniroient de per-
sicaires renouées, *polygonum*, de chou-
gras, *rumex acutus*, de saules nains, de
toutes les plantes aquatiques, et devien-
droient des îles où les dépôts annuels de
la vase favoriseroient la végétation des
plantes qui garnissent les bonnes prairies
de la Saône. Bientôt le cours de cette rivière obstrué ne permettroit plus le passage aux trains de bois de service et aux
foins, que le canal artificiel ne pourroit
pas recevoir non plus ; les chargemens de
ces sortes de marchandises seroient ré-
duits successivement, et finiroient par s'a-
néantir tout-à-fait.

Pendant ce temps il arriveroit que cette rivière si bienfaisante dont les bords fertiles ont acquis une sorte de régularité qui exclut des lagunes si incommodes pour les voisins de tant d'autres rivières grandes et petites, désormais embarrassée d'îles formées çà et là dans son lit dont la forme deviendroit de plus en plus irrégulière, se diviseroit en une infinité de branches ou de filets, et formeroit par la suite des marais, d'où la vase et les débris tant végétaux qu'animaux répandroient une odeur infecte, pendant que l'imbibition toujours croissante du terrain ainsi multiplié, et l'évaporation d'autant plus abondante que la surface de la rivière auroit plus d'étendue, diminueroient considérablement la masse d'eau qui doit se rendre à son embouchure.

Ainsi cette belle partie de la Saône qui sert à transporter d'une manière si simple les marchandises d'une des plus riches provinces de la France ; ce canal navigable ouvert par la nature et sillonné depuis tant de siècles par des embarcations très peu dispendieuses pour distribuer à peu de frais les fourrages, les grains et les bois qu'on recueille tout le long de ses fertiles rivages ; cette rivière excellente à laquelle l'histoire ne pourroit pas reprocher un seul désastre, si l'art n'avoit pas quelquefois contrarié l'ordre naturel qu'elle a toujours suivi ; cette *dulcis Arar* seroit effacée du nombre des rivières navigables presque dans la moitié de son cours, d'où résulteroit un préjudice évident pour l'autre partie ! voilà, sans doute ce que l'imagination ne peut concevoir.

III. Mais est-il bien vrai que la navigation de la partie supérieure de la Saône, que le *R. P. Binosimil* (1) appelle *son milieu*, ait absolument besoin du secours d'un canal artificiel construit tout à travers les pays situés sur le bord oriental de cette rivière ? Je ne le crois point du tout, et c'est sous ce rapport que je considère le projet de ce canal comme parfaitement

---

(1) Pag. 6 de sa *Dissertation critique sur le projet de détruire la digue d'Auxonne*, in-4.° 1780. Cet ouvrage est de M. *Antoine Antoine*, frère de M. Antoine l'aîné.

inutile. Il est très possible au contraire d'améliorer la navigation naturelle de la Saône ; et pour cela, il se présente un grand nombre de moyens que MM. les ingénieurs peuvent mettre en usage avec la certitude de réussir : puisque c'est un résultat toujours certain quand on se borne à aider la nature dans ses opérations, en prenant garde de ne la pas contrarier ; car elle finit toujours par surmonter tous les obstacles qu'une imagination déréglée voudroit lui opposer.

Sans prétendre donner des conseils aux gens de l'art qui ont étudié les principes de l'hydraulique et de la navigation, j'oserai dire que tout le secret de la réparation dont il s'agit consiste à imprimer plus de mouvement aux eaux de la Saône, afin d'opérer l'écoulement des sables et le nivellement du fond du bassin d'une rive à l'autre. Déjà la destruction des moulins à bateaux, ou du moins leur disparution du milieu navigable de la rivière, a préparé la voie pour arrêter la source la plus abondante des abus qui tendoient à détruire la navigation. Il y a des personnes

fort instruites qui pensent qu'il seroit
convenable de rétablir des barrages dans
quelques lieux de la rivière pour retenir
l'eau à une certaine hauteur, et ne la
laisser écouler qu'au besoin, par le moyen
d'écluses submergées, construites dans le
chemin même de la navigation, comme
cela a été fait à *Gray* (1), et comme on
a proposé de le faire à *Auxonne*, à *Saint-
Jean-de-Losne* et à *Verdun* (2). Certes,
ce moyen seroit bien préférable à l'idée
désespérante d'abandonner la navigation
de la Saône. Les savans ingénieurs qui
l'ont proposé, ont apparemment pris en
considération le retard que le service de
ces écluses devroit faire éprouver au commerce et l'embarras que la remontée d'un
grand nombre de bateaux vides pourroit
occasionner vis-à-vis ces sortes de passa-
ges, surtout pendant que les eaux sont
moyennes ou *bâtardes*, suivant le lan-
gage des patrons.

---

(1) *Mémoire* de M. *Bertrand*, in-4.°, pag. 5.
(2) *Navigation de Bourgogne*, in-4.°, pag. 208
et 236.

On remarque que la navigation de *Saint-Jean-de-Losne* jusqu'au bas de *Pagny*, qui est la portion où les difficultés se présentent le plus souvent jouit, communément pendant les eaux basses, d'une profondeur de deux mètres un tiers, deux mètres deux tiers et souvent trois mètres et demi. On ne la trouve dans ces temps-là à un mètre ou un mètre un tiers, que dans deux ou trois endroits.

Il existe au bas de *Saint-Jean-de-Losne* un banc de sable qui ne laisse en été que 54 centimètres d'eau à la navigation ; mais aussi on voit qu'au-dessous des lieux où la rivière est plus resserrée , sa profondeur va jusqu'à 4 , 7 , et même 10 mètres. Il en faut conclure , à ce qu'il me semble, que si l'on rendoit le lit de la Saône plus étroit et plus régulier , si l'on imprimoit plus de mouvement à ses eaux, on occasionneroit l'écoulement de ses sables , et par conséquent la destruction des bancs qui se sont élevés dans quelques parties de son bassin de navigation.

Cette opération auroit un succès durable si l'administration générale veilloit de

très près à ce que le lit de la Saône fût
exactement nettoyé par les riverains. Il
faudroit aussi sans doute qu'en renouve-
lant les dispositions de l'ordonnance
de 1669, la loi s'expliquât nettement
et avec un peu de sévérité pour dé-
fendre de détruire les bords de la rivière
par le rouissage, l'enlèvement des terres,
ou sous quelqu'autre prétexte que ce fût;
de défricher les prairies adjacentes ; de dé-
tourner l'eau par des fossés ou par aucun
ouvrage pratiqué dans l'étendue ou à la
proximité du bassin navigable ; d'y jeter
les animaux morts ou autres immondices;
d'y construire aucun clayonnage, ou d'y
faire des plantations, excepté celles qui,
seroient déterminées d'après des visites ré-
gulièrement faites par les préposés du
corps des ponts et chaussées , sous l'autorité de l'administration forestière.

Enfin, des plans très exacts, qu'il suffi-
roit de renouveler après un certain nombre d'années fourniroient les documens
nécessaires pour entretenir ce qui seroit
bien fait , ou réparer promptement les
parties qui auroient besoin de restaura-

tions. Mais quelles que fussent les mesures prises d'après l'état actuel des lieux et les recherches nécessitées par les circonstances dont il est question, ces mesures devroient être suivies avec le zèle politique et la constance impassible qui composent vraiment le génie national, trop souvent contrarié par le génie turbulent et novateur de certains individus que le désir d'améliorer justifie quelquefois, mais que le succès ne couronne pas toujours.

Il seroit digne des académies ou sociétés savantes des villes principales des départemens de la Haute-Saône, de la Côte-d'Or, de Saône et Loire, de l'Ain et du Rhône, de proposer pour le sujet d'un de leurs prix, la question suivante : *Quels sont les moyens les plus économiques et les plus efficaces de donner plus de mouvement aux eaux de la Saône, de fixer ses bords et d'améliorer sa navigation ?*

FIN.

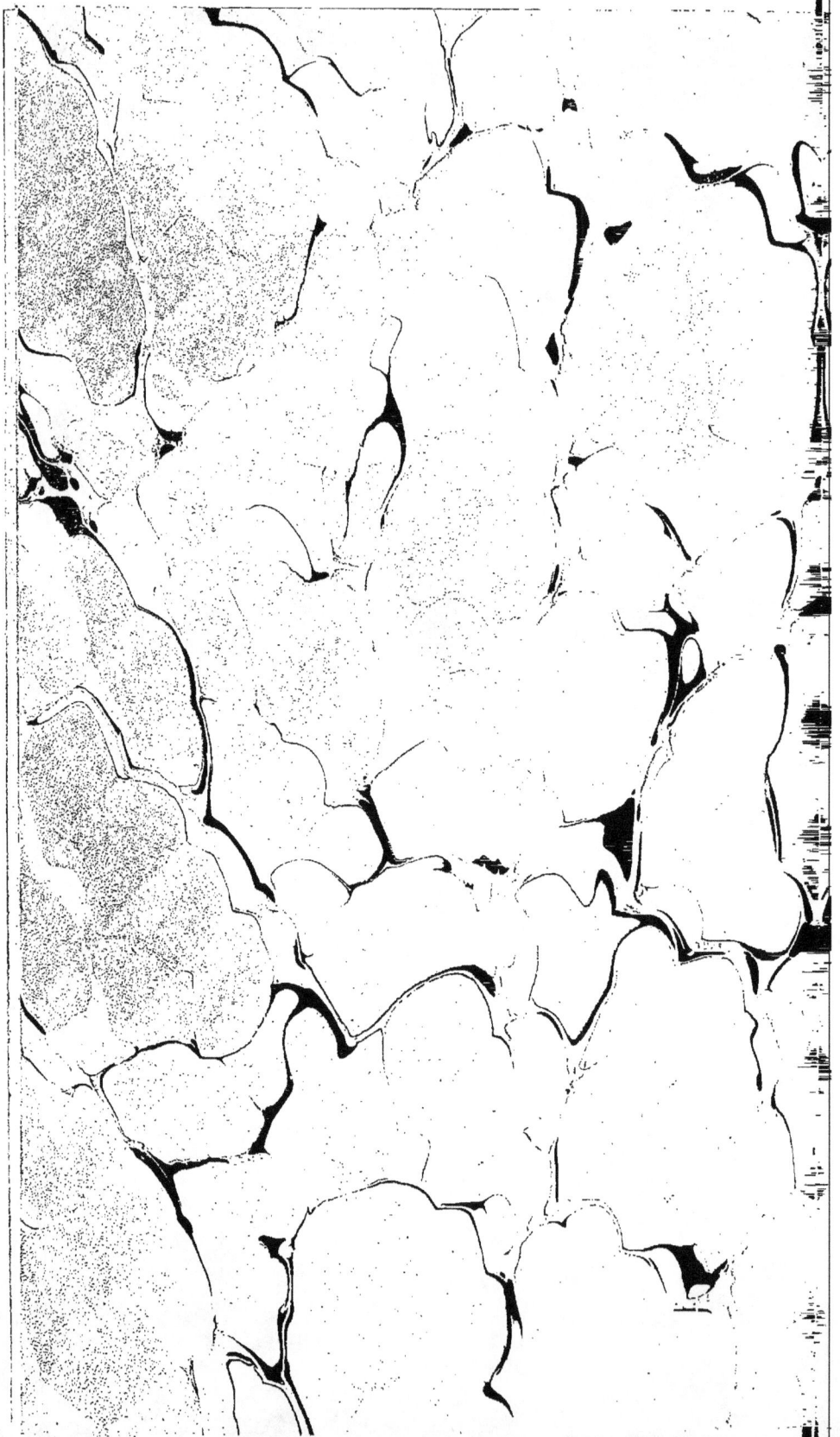